非标准建筑笔记

Non-Standard
Architecture Note

非标准构造
当代建筑构造"非常规设计拓展"
Unconventional Design
Development

丛书主编　赵劲松

任肖莉　编　著

中国水利水电出版社
www.waterpub.com.cn
·北京·

序
PREFACE

关于《非标准建筑笔记》

这是我们工作室《非标准建筑笔记》系列丛书的第三辑，一共八本。如果说编辑这八本书遵循了什么共同原则的话，我觉得那可能就是"超越边界"。

有人说："世界上最早意识到水的一定不是鱼。"我们很多时候也会因为对一些先入为主的观念习以为常而意识不到事物边界的存在。但边界却无时无刻不在潜移默化地影响着我们的行为和判断。

费孝通先生曾用"文化自觉"一词讨论"自觉"对于文化发展的重要意义。我觉得"自觉"这个词对于设计来讲也同样重要。当大多数人在做设计时无意识地遵循着约定俗成的认知时，总有一些人会自觉到设计边界的局限，从而问一句"为什么一定要是这个样子呢？"于是他们再次回到原点去重新思考边界的含义。建筑设计中的创新往往就是这样产生出来的。许多创新并不是推倒重来，而是寻找合适的契机去改变人们观察和评价事物的角度，从而在大家不经意的地方获得重新整合资源的机遇。

我们工作室起名叫非标准建筑，也是希望能够对事物标准的边界保持一点清醒和反思，时刻提醒自己世界上没有什么概念是理所当然的。

在丛书即将付梓之际，衷心感谢中国水利水电出版社的李亮分社长、杨薇编辑以及出版社各位同仁对本书出版所付出的辛勤努力；衷心感谢各建筑网站提供的丰富资料，使我们足不出户就能领略世界各地的优秀设计；衷心感谢所有关心和帮助过我们的朋友们。

天津大学建筑学院

非标准建筑工作室

赵劲松

2017 年 4 月 18 日

目　录
CONTENTS

01

门窗的功能扩展

　　门和窗是最基本的建筑构造元素，门的基本功能是联系室内外交通，窗的基本功能是采光和通风。随着当代建筑的发展，门窗的概念出现了新的发展变化，它们的功能开始扩展，其表现手法随着功能的改变也不断发生着变化。门窗既蕴含着多样的功能，又体现了高超的建筑艺术，建筑的外部造型及内部空间都因而产生了丰富的表现力。

门窗与墙的融合

项目名称：日本福冈 HINGED 空间住房
建筑设计：史蒂文·霍尔
图片来源：http://blog.sina.com.cn

　　门、窗、墙以及屋顶组成了建筑的围护体系，除了基本功能以外，通过材料的变化或开启方式的改变，门窗与墙相融合，变成了墙的一部分。当它们关闭时看上去与墙没有区别，这就是一面完整的没有任何洞口的墙面；而当它们打开时，由于构思的巧妙性，有时候窗甚至具有了门的功能，产生了异于常态的视觉效果。

　　马歇尔·杜尚在自己的公寓里设计过一扇可以同时处在既开又关的状态中的门，它处在两面墙壁直角相交的地方，在两面墙上分别有一个门框，如果它和其中的一面墙的门框合在一起——关上了这一边的门，那么另一边墙上的门必然是被打开着的❶。开和关是门的行为特性，当一扇门不能被证明是处于何种状态时，它已经不只是一扇门了，也变成了墙的一部分。

　　史蒂文·霍尔设计的日本福冈 HINGED 空间住房，所有的门关上之后所谓的"门"就变成了隔墙，这里可以说"门"合成了"墙"，也可以说"墙"分解成了"门"。

❶ 卡巴内. 杜尚访谈录［M］. 王瑞芸，译. 桂林：广西师范大学出版社，2001：83.

门窗与墙的融合

项目名称：阿姆斯特丹撒夫特伊街加建展览馆
建筑设计：史蒂文·霍尔
图片来源：http://www.stevenholl.com

　　墙上的窗分两种：一种是与通常建筑相同的窗，此种开窗方式形成了内外墙体上的深洞，这种窗既是室内的观景窗，又是墙面上的点缀；另一种是由内外两层穿孔板遮挡起来的半透明的窗洞，它既可以产生丰富的光影效果，同时又是墙面的延伸。

　　在两层穿孔板之间设有灯，并且在向外的玻璃纤维防水板表面涂有荧光涂料，通过灯光在建筑的墙体与楼板各个层次之间多向投射而形成流动的彩色空间。在这里，光似乎成了一种实体，通过彩色光线的投射，给建筑营造出一种虚幻的视觉效果。当夜幕降临，一块块色彩投射在辛格尔运河上时，这种效果尤为明显。

门窗与墙的融合

项目名称：纽约曼哈顿岛改造的"艺术与建筑学的店面"
建筑设计：史蒂文·霍尔
图片来源：http://www.stevenholl.com

建筑立面上使用大块有铰链的橱窗板，这种板是用一种融合性材料配成混有再生纤维的水泥制作而成的。在商店开门时，向外以纵向或横向方式打开，形成一系列正方形、长方形或具有方形缺口的方形板。由于链合立面板的使用，展室的形态可变化多端，同时支持了一种从内到外的立面，使得墙上的展品可以旋转面向公共的街道。这些有铰链的橱窗板可以是固定的，也可以是自由移动的。当橱窗板闭合时它呈现出一种曼哈顿类型的形式，这时"门""窗"都不复存在，这就是一面完整的墙。当橱窗板敞开时，立面消失，此立面可以变为"门""窗"甚至活动的"展板"。室内空间也向外面街道延伸并融入到外部的城市空间之中。由于这一构思独特的立面，使建筑形成了一种动态的、城市化的、交互式的空间形式。

门窗与墙的融合

项目名称：晨兴数学中心
建筑设计：张永和
图片来源：http://image.baidu.com

　　窗与外墙（梁、柱）是取平的，在每一个相同的单元中，有一块是面积较大的固定玻璃扇，可开启的部分采用的是和窗框同一材料的铝合金板。这是一个双层的可开启结构，向外开是实心铝板窗，向内是铝框纱窗，而固定的铝合金百叶后面则是放空调机的地方，这样在外部就形成了一扇光洁、完整的组合大窗。张永和通过可开启的通风扇模糊了窗框的概念，从而形成了在这扇窗上"窗扇"与"窗框"的对等局面，这正是建筑师想要的平面感觉。这扇窗占据了整个框架梁柱之间本应是外墙的部分，而且由于这扇"窗"在外表面足够的平整以及和外墙（梁、柱）取平的这个只有在现代技术下才可行的做法，这扇"窗"实则已经是"墙"了。

门窗与支撑结构的融合

项目名称：Beethoven Concert Hall
建筑设计：扎哈·哈迪德
图片来源：http://www.zaha-hadid.com

　　建筑师通过多孔的表皮设计把两个大空间统一起来，门窗与墙没有清晰的界定，均作为建筑的支撑结构。当夜幕降临，建筑就像一个漂浮在水面上的宝石，熠熠发光。

门窗与支撑结构的融合

项目名称：Harpa Concert Hall and Conference Centre
建筑设计：Henning Larsen 建筑事务所
图片来源：《建筑材料与肌理 I》

建筑的南立面采用了三维类砖石结构，它是一种几何数模系统，基本形状是多边形，用玻璃和钢来填充，构造了 1000 多块类砖石作为建筑的支撑系统。将其作为外窗，也使该建筑展现出万花筒般的幻色效果。除南立面外的其他立面和屋顶则部分呈现了类砖石结构，形成了平坦的二维立面，其基本形状多为五边形和六边形。

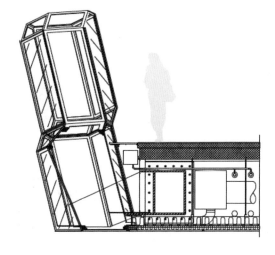

立面的几何图形打造出独特的玻璃晶体结构，把该建筑隐化为了一个不变的实体，捕捉并反射着大自然的每一寸光影，也使其映射出建筑周围的所有色彩：七彩的城市灯光、湛蓝的海洋和绚丽的天空。在这斑驳陆离的光影交错中，设计师实现了该建筑与城市及周围景观的互动，同时也使这栋建筑呈现出变幻无穷的缤纷色彩。

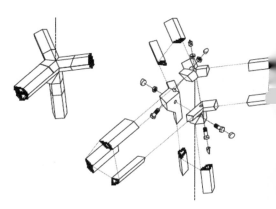

门窗与其他构件的融合

项目名称：Fukoku 大厦
建筑设计：Dominique Perrault 建筑事务所
图片来源：http://www.archdaily.com

建筑师着重于对色彩和光影的捕捉，选用大面积的绿色钢化玻璃和合金框架作为建筑的基本表皮材料，并以矩形的门窗为基本模块形成表皮肌理。门窗皆可旋转，能反射光线并引起光线强度的变化。室内呈现出如同大树繁茂的树叶被风吹动时的光线交织。玻璃立面的基部嵌入了无数的镶框镜子，每一块镜子均朝着同一方向排列，面积渐次增大，产生出一种渐变的效果，映照出天空变幻的色彩及四周的环境。

门窗与其他构件的融合

项目名称：克兰布鲁克科学院入口大厅
建筑设计：史蒂文·霍尔
图片来源：http://www.stevenholl.com

　　霍尔设计的克兰布鲁克科学院扩建部分"光的实验室"，功能上是用作新的入口大厅。他运用了新的玻璃透镜技术，以运动中的光的图案装饰了此生动的建筑。当冬天入射角较低的阳光在发光的水波上折射时，棱镜的彩虹以五彩斑斓的光笼罩着墙面。细微光波的衍射融入到跳动的阴影中，就像一个在天花板上倒立的舞者。这里通过改变窗的构造使眼睛看不到的光被人们所感觉到，而它每时每刻的景象又不相同，随时间变化的光线赋予了建筑在四维空间上的表现力。

门窗与其他构件的融合

项目名称：苏格兰议会大厦
建筑设计：Enric Miralles
图片来源：《世界建筑》2006（4）

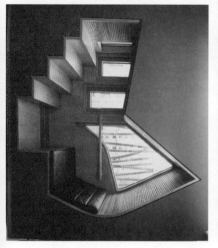

窗还可以产生休憩空间。苏格兰议会大厦由一系列现场浇注的混凝土单元组成。每一个单元构成一间办公室。窗在这里凸出墙面，在室内形成一处临窗坐席，建筑师将其描述为苏格兰议员"沉思默想之空间"。

作为建筑的重要组成元素，楼梯是连接不同平面的构件，当有异常情况如火灾等发生时，楼梯也是必不可少的逃生及疏散通道。本章讨论的是楼梯功能的扩展，如楼梯兼具空间的功能、采光的功能、交往的功能以及家具的功能。楼梯作为基础构件的功能是明确的，其他的扩展功能是不明确的，还可能是临时的，这种不确定性使楼梯更富有表现力，也更适应人们千变万化的生活需要。建筑师通过对人们行为的观察和研究，发掘出楼梯更多的功能，创造出有较大适应潜力的形式和空间。

02

　　楼梯作为连接不同平面的构件，当它的踏步数较少时，我们称之为台阶。台阶通过空间关系的变化也可以对地面边界在水平方向上进行界定，它和采用画线或者材料变化识别场所边界的方法不同，台阶能够通过不同高度带来的位置变动使个体的场所发生变化。利用台阶对边界的限制可以制造一个抬起或沉降的空间，限定的空间在整个大的空间中得到强调并与其他空间加以区分。

　　台阶可以抬高基面的一部分，在大空间范围内创造一个空间领域并划定这一领域的界限，中断横穿其表面的人流。抬高的空间与周围空间的视觉连续程度，是依靠高程尺度的变化决定的。

　　当只有 1 级台阶时，空间的边界得到了良好的划定，视觉及空间的连续性得到维持，个体很容易接近；

　　当有 5 ~ 8 级台阶时，某些视觉的连续性得以维持，但空间的连续性被部分中断；

　　当台阶很多时，视觉和空间的连续性都被中断，抬高的面与地面的楼板相对隔绝，台阶兼具墙面的性质。

　　台阶可以限定一个场所，作为其周围活动的退路。它抬起的空间表现了场所的外向性或重要性，它是开放的。它可以是观看周围空间的平台，也可以是被观看的视觉中心，表达一个神圣的或不寻常的空间。

楼梯兼具空间的功能

项目名称：纽约大学哲学系的内部整修
建筑设计：史蒂文·霍尔
图片来源：http://www.stevenholl.com

楼梯隔墙采用了纯粹的白色，大片的白色色调、斑驳的墙壁、盘旋而下的楼梯，和谐相融。这里用了白色多孔板作楼梯扶手以及隔墙分割空间，在此，楼梯间不仅是光影的游戏空间，也是偶然遇上的教授和学生交流的空间。这个六层高的楼梯间内的光影随着季节和时间的变化而变化。由于安装了多彩影片，楼梯间内偶尔会闯进一条条彩虹，给纯白的空间增添了趣味性。

楼梯兼具空间的功能

项目名称：Phoenix Observation Tower
建筑设计：BIG 建筑设计事务所
图片来源：http://www.big.dk

建筑的造型是一个大球落在一混凝土立柱上。大球的外壳采用玻璃幕墙，内部的螺旋式楼梯连接电梯和顶部。人们坐电梯到达大球后，可以沿着螺旋楼梯游览，观赏城市 360° 的美景。人们在这个连续动态行走的过程中可领略无限风光。巧妙的是，路径的宽度并不是一致的，而是变化的，这样在没有垂直物理障碍的总体连续性空间中，游览者可有独特的视觉体验和游览体验，同时布展者还能灵活地创建展览和活动空间。

楼梯兼具空间的功能

项目名称：日本广岛丝带教堂
建筑设计：NAP 建筑事务所
图片来源：http://www.zhulong.com

整个教堂的造型相当纯粹，缠绕在一起的两个螺旋楼梯取代了屋顶、墙和地面，成为建筑的主要组成部分。螺旋楼梯之间采用大片玻璃窗，有效地利用天然采光，同时也有利于内部空间与环境的相互渗透。楼梯在这里被赋予了一种空间感和神圣感，使整个建筑看起来纯净、通透。建筑仿佛飘浮在空中，增添了艺术美感。

楼梯兼具采光的功能

项目名称：TOBAYA C Block Project
建筑设计：隈研吾
图片来源：《日本新建筑》2007（10）

病房办公室的屋顶由绿色植物连接形成一个广场，使所有不同的功能形成一个整体。病房办公室的立面被设计成大梯段的形式，大梯段中水平的踏板可以让人坐下休息，光线通过梯段在室内产生了细长的光带，随时间的推移产生丰富的光影变化。

楼梯兼具采光的功能

项目名称：Stavanger 音乐厅
建筑设计：BIG 建筑设计事务所
图片来源：http://www.big.dk

　　BIG 建筑设计事务所将Stavanger音乐厅的立面设计成大梯段的形式，可以让人们休息交流的大梯段同时兼具采光的功能。

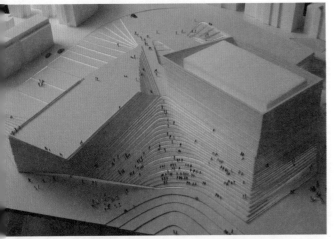

楼梯兼具交往的功能

项目名称：伦敦 Serpentine Pavillion
建筑设计：EOlafur Eliasson, Kjetil Thorsen
图片来源：《a+u》447

伦敦 Serpentine Pavillion 的台阶主要为学生们坐下交流而设计，水平台面上点缀了一些红色的圆垫。台阶平面凹凸变化，学生交流的同时还能限定出自己的私密空间。在这里楼梯空间既可以看做是宽阔的交通空间，也可以当成休息空间，还可以用作表演空间。

楼梯兼具交往的功能

项目名称：墨西哥阿瓜斯卡连特斯 Borregos 体育场
建筑设计：新加坡艺术学校
图片来源：http://www.yuanliner.com

当楼梯梯段的长度接近于建筑所需的疏散宽度，同时楼梯连接的两端水平面的高差比较大时，它的交通功能性会相对突出；当楼梯梯段的宽度远远大于建筑所需的疏散宽度，同时楼梯连接的两端水平面的高差不是很大时，它的空间停滞性大大增强，此时，楼梯就兼具交往的功能。利用楼梯这一特性，可以创造出富有层次的交往空间。

楼梯兼具家具的功能

项目名称：英国剑桥伊甸园街 5 号工作室
图片来源：《当代国外楼梯设计》

在英国剑桥伊甸园街
5 号工作室中，楼梯连接
中间的玻璃平台与桌子的
同时，也起到了支撑结构
的作用。

楼梯兼具家具的功能

项目名称：法国蒙特博格的加诺别墅
图片来源：《当代国外楼梯设计》

法国蒙特博格的加诺别墅中，阶梯状的橱柜和书柜形成楼梯，它们同时也是楼梯的支撑体系。通过这种方式，梯下空间在室内有限空间内也得到了合理的利用。

03

支撑构件的功能扩展

　　较早的墙都是砖石砌筑的，起着承重的作用。框架结构出现后，用柱子承重，才有了非承重墙（填充墙）的概念，这也是现代建筑常规的结构方式。本节讨论的是非常规的支撑体系，如北京2008年奥运会主体育场，覆盖体育场碗状看台的是一个巨大的空间钢结构。主结构实际上是两向不规则斜交的平面桁架系统组成的椭圆平面网架结构；次结构为镶嵌在主结构上弦多边形网格内的一系列杆件。外表皮表现为以透明材料覆盖灰色钢结构体系的完整连续的表面，建筑的空间钢结构本身既是建筑的支撑体系同时也是建筑的围护体系，它形成一个大跨度、无遮挡、无阴影的内部空间，使得看台上每个角落均能获得良好的视野。

支撑构件与围护功能的结合
——砌筑式支撑构件与围护功能的结合

项目名称：**2000 年汉诺威世博会瑞士展馆**
建筑设计：彼得·卒姆托
图片来源：http://www.kaoder.com

　　瑞士展馆全部由松木条积聚而成，框架高达 9m，排列成复杂的长廊和天井。规格统一的方形木条借助钢片弹簧和铁轴相连接，构成 98 堵木墙，每一堵木墙好像由无数的线条排列组合形成的"虚面"，风在建筑空隙中流淌，阳光穿透木方之间的空隙，形成富有韵律的光影。建筑变成了一个声、光、木的共鸣体。

　　散普尔将建造的技艺分为两种，"一种是通过厚重构件的重复砌筑形成具有体块和体量的土石砌筑，另一种是由轻质和线状构件组合而成的用于围合空间体的框架建构" ❶。前者强调构件在垂直方向的重力的传递秩序，后者则是透过厚度方向分层，形成叠置状态，即编织的概念。

---

❶ 王群. 解读弗兰普顿的《建构文化研究》［J］. A+D，2001（03）：80.

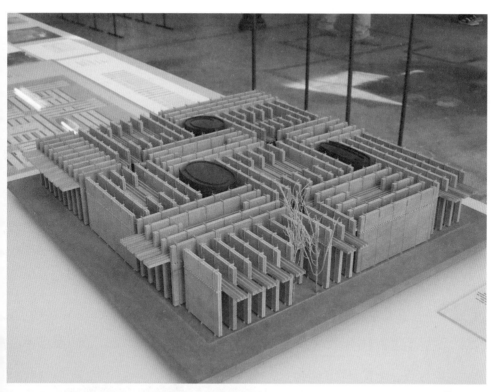

支撑构件与围护功能的结合
——砌筑式支撑构件与围护功能的结合

项目名称：马德里受难者纪念碑
建筑设计：Fam Studio
图片来源：《a+u》447 期

　　此建筑造型为一个椭圆形的玻璃圆筒，由
15000 个弯曲的硼矽酸盐玻璃用液体丙烯酸酯
材料胶粘而成，内部贴着印刷有各种纪念信息的
ETFE 膜。玻璃块被做成圆弧形，一边凸出、一
边凹陷，把它们互相黏结成环形，每个环形再上
下黏结形成柱体。不管白天还是黑夜，这座玻璃
建造的明亮灯塔都像一个光亮的纪念碑，泛着淡
淡的光晕。

支撑构件与围护功能的结合
——砌筑式支撑构件与围护功能的结合

项目名称：瑞士苏黎世 Freitag 旗舰店
建筑设计：Markus，Daniel Freitag
图片来源：《a+u》441 期

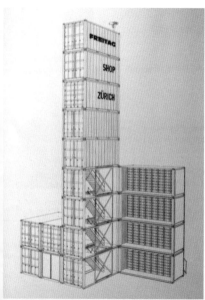

在瑞士苏黎世 Freitag 旗舰店中，建筑师用 17 个废弃的货物集装箱搭建成店铺，真正体现了环保的意识。集装箱之间用一种可循环玻璃材料隔离，起到保温作用。集装箱内设有楼梯，通过楼梯连接每一层空间。

支撑构件与围护功能的结合
——网格支撑构件与围护功能的结合

项目名称：澳门新濠天地酒店（City of Dreams Hotel Tower）
建筑设计：扎哈·哈迪德
图片来源：http://www.zaha-hadid.com

　　酒店外观如同一个雕塑，作为支撑构件的网状结构扭曲在一起，内部有一个宽敞的中庭。这种暴露的外骨骼增强了建筑的表现力和力量感，并且有利于优化内部空间。

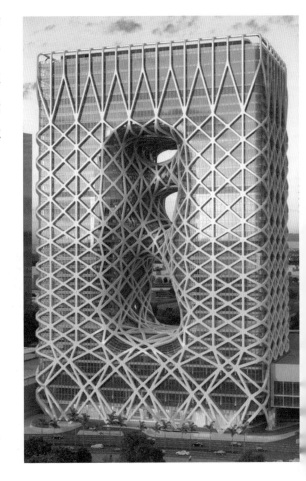

支撑构件与围护功能的结合
──网格支撑构件与围护功能的结合

项目名称：2002 博览会蛇形画廊展馆
建筑设计：伊东丰雄
图片来源：《伊东丰雄的作品与思想》

设计采用了一个由钢条制作的网格结构系统，径深 550mm 的扁平钢梁根据不同的结构荷载变化厚度，在工厂焊接后，到施工现场进行铆接。每一构件都起到既减少震动又充当结构梁的作用。经由算法而产生的各个交叉点相互连接，各元素与邻近元素之间通过复杂的关系保持了整体的平衡。

支撑构件与家具功能的结合

项目名称：Nomadic 博物馆
建筑设计：坂茂
图片来源：http://www.shigerubanarchitects.com

Nomadic 博物馆由 353 只纸管和 166 只包装箱组成，共同构成了它的支撑体系。38 只直径 75mm、高 10m 的纸管之间以 14m 的距离隔开，形成廊柱，营造出博物馆内的空间。此种支撑体系使馆体本身便于拆解和重组。博物馆的展品也充满了环保的元素，展出的家具、照片、绘画等都是可循环利用的。这座生态友好可回收的博物馆具有丰富的象征性，以包装箱传递了艺术，以纸管宣扬了文化。

支撑构件与家具功能的结合

项目名称：TMW 科技博物馆
建筑设计：Querkraft Architects
图片来源：http://www.10333.com

　　TMW 科技博物馆入口大厅采用钢架结构，室内起支撑和装饰双重作用的柱子顶端被设计成椭圆形托举着屋顶，柱子下端设计成更大的椭圆形方便游人访客随意坐卧，大厅简洁统一又便于人休闲交流。在当地较为漫长的冬日，这个充满阳光的博物馆前厅变成了公众聚会的场所。

支撑构件与其他功能的结合

项目名称：Aselsan Rehis Golbasi Campus
建筑设计：Yazgan Design Architecture
图片来源：Yazgan Design Architecture

此建筑的支撑构件由钢制拱廊、钢制 V 形结构及钢制遮阳篷组成。紧挨建筑主立面的钢制拱廊结构作为一个独立元素存在，沿着 585m 长的直线小路重复延伸，与建筑立面结合形成强烈的表现力，其将该建筑与场地联系起来的同时，也有利于不同功能空间之间的流通。

支撑构件与其他功能的结合

项目名称：中国珠海博物馆
建筑设计：Abalos + Sentkiewicz Arquitectos 事务所
图片来源：http://www.archdaily.cn

中国珠海博物馆的树状雕塑丰富了视觉效果，突显了建筑特色，还调控了博物馆的气候。树状雕塑的树枝和树干都是空心的，便于收集雨水，让雨水直接流到地下的储水箱，到了夏季，为博物馆的庭院喷泉储水，提供水动力。白天，顶棚的树枝可以遮阳，为庭院提供阴凉环境，还可以吸收热量，减轻建筑顶部的负担，形成上升气流，促进通风。晚上，会有微风习习，保持室内的清凉。这些树枝可以收集露水，到了白天会蒸发，达到冷却的效果。

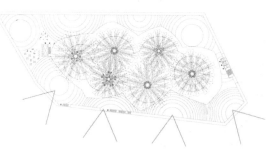

支撑构件与其他功能的结合

项目名称：台湾大学社会科学院大楼图书馆
建筑设计：伊东丰雄
图片来源：《建筑创作》2014（1）

该建筑的特色在于树木般的结构体，约 50m² 的方形平面空间内林立着 88 根涂成纯白的细柱，树形的柱子到顶部巨大的树冠与屋顶完美结合。从各根柱子所支撑起的莲叶形屋顶缝隙之间，自然光线柔和扩散开来，行走其中宛如于林中漫步，感受光影的千变万化。

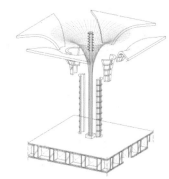

柱子的位置与屋顶的形状是透过几何学来加以描绘的，越是靠近中心点，柱子分布密度越高，离中心点越远，分布密度越加稀疏。借由这些柱子不同疏密的分布，创造出场域的差异感，为空间营造出大自然的氛围。

功能的拓展赋予支撑构件更加丰富的艺术表现力与视觉冲击力，它们充分地向我们展示了一种技术美，整个建筑也因为这些支撑构件造型特色变得尤为突出。

04

遮阳构件的功能扩展

　　过去，遮阳设计在建筑上的体现往往是一片片固定装配在外墙上的或水平，或垂直，或倾斜的水泥混凝土板或金属板，而随着以生态技术为手段的新一代建筑师积极探索新的、更加高效的遮阳方式，混凝土筑就的粗犷的遮阳格栅显然无法适应今天的要求。当代的遮阳板充分体现了新材料、新技术的利用，且兼具多功能性及可调控性，如挡雨、导风、太阳能利用等。在建筑界，已经把外遮阳系统作为一种活跃的立面元素加以利用，甚至称之为双层立面形式。新型遮阳构件的使用不是因为建筑立面的时尚需要，而是现代技术解决人类对建筑节能和享受自然需求而产生的一种新构造形态。这种新的需求创造了不同于以往的构造元素，形态各异的构造元素依附于建筑之上，起到与众不同的装饰效果。

　　即便是木材、织物等传统遮阳材料，设计师也致力于寻求新的构造方式以产生相当程度的艺术震撼力。本节主要从三个方面探讨遮阳构件的功能扩展及其表现形式：①遮阳构件与建筑表皮的结合；②遮阳构件与自然元素的结合；③遮阳构件与智能系统的结合。

遮阳构件与建筑表皮的结合

项目名称：OMM 宾馆
建筑设计：Juli Capella
图片来源：1000X European Architecture

　　该建筑的外墙由石材铺就，伴随不同大小的窗口建筑表皮以不规则的形体向外卷曲。建筑立面看起来就像一本翻开的书或者一本日历，这些卷曲的表皮既是建筑的遮阳构件，同时也形成了别具特色的阳台。

遮阳构件与建筑表皮的结合

项目名称：King-Fahad 国家图书馆
建筑设计：Gerber 建筑事务所
图片来源：http://www.10333.com

该建筑外层的钢架结构上挂满菱形纺织物，反映出独特的阿拉伯文化特色，织物既用以遮阳，又可以根据阳光强弱调节角度把光线折射进图书馆，为内部提供最舒适的温度和光照环境。建筑物在昼夜间由于日照和灯光的不断变化使其成为城市新地标。

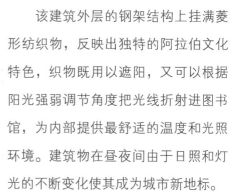

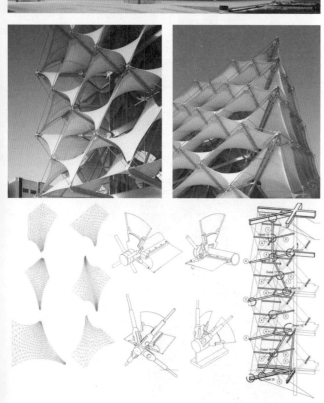

遮阳构件与建筑表皮的结合

项目名称：Olmo 大楼
建筑设计：LEAP Laboratorio en Arquitectura Progresiva
图片来源：http://www.archdaily.cn

该建筑设置了由多孔金属片制作的三角壁板，防止太阳光过度的暴晒，并有助于减少能源的使用。让办公室在自然光的照射下显得更加的舒适，同时在两层之间的空间形成了一个安全的观光场所。遮阳构件的纹理是通过两个不同的 3D 面板进行所有可能的配置后实现的，独特的设计手法赋予办公楼与众不同的特色。白天从远处看，是一个坚实的三角立方体，而夜间建筑变得透明，融入了城市的夜景之中。

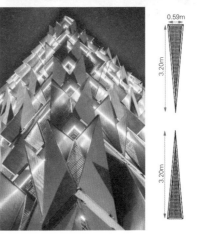

遮阳构件与建筑表皮的结合

项目名称：新津·知博物馆
建筑设计：隈研吾建筑事务所
图片来源：《材料与肌理1》P102

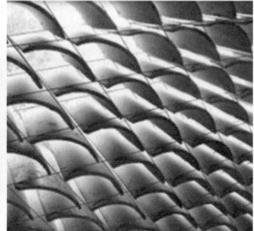

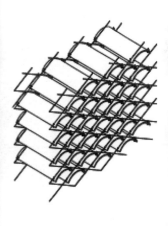

建筑外立面由大片的玻璃和钢组成，其上覆盖一层由钢丝悬挂的瓦片，瓦片均采用当地原材料，经过传统手工艺制作而成。强烈的太阳光被瓦片阻挡，建筑室内萦绕着柔和的光线和瓦片投下的影子。

为了减轻瓦片的整体重量，设计师采用线作为串联材料，将瓦片悬浮于空中，创造出一种轻盈感。通过这一层立面的包裹，建筑呈现出像素般的表皮，与周围自然环境紧密融合。

遮阳构件与建筑表皮的结合

项目名称：毕尔巴鄂体育中心
建筑设计：ACXT
图片来源：《像素墙》P232

　　设计采用钢结构作为建筑主支柱，环形的走廊设计，配置金属网做遮阳构件，既环保节能又降低了预算。无需添加任何通风和空调设备，同时也有助于火灾时的安全疏散。金属网的颜色清新亮丽，整个建筑宛如一株郁郁葱葱的大树完全融入周围环境之中。

　　金属作为当前最为流行的遮阳材料之一，可以有多种表现形式。如钢格网遮阳构件具有很高的结构强度，广泛应用于可通风的双层玻璃幕墙中。又如轻质的铝材可以加工成室外遮阳格栅，遮阳卷帘及室内百叶窗。在生产工艺方面，电脑控制生产的准确性使每个构件看起来都精美绝伦，金属网的运用，除了遮阳，遮挡风雨，保护建筑的围护结构，还赋予了建筑丰富的肌理与光影。根据光入射角度和观察者位置的不同，立面呈现出不同程度的透明性和半透明性。

遮阳构件与自然元素的结合

项目名称：上海 Z58
建筑设计：隈研吾
图片来源："表层"的意义——隈研吾设计的上海 Z58

　　用植物遮阳具体的实现方式有：设置蔓藤架棚；或在墙壁上拉绳索和管子，让蔓藤植物沿着往上爬；或在外墙上做分段种植台，并且距墙面一定距离，可同时保证墙面遮阳和通风。

　　隈研吾设计的 Z58，建筑立面安装了镜面不锈钢花槽的玻璃外墙，在花槽内的植物具有遮阳的效果。外墙与整面流水的玻璃内墙之间是挑空 4 层的透明大厅。不锈钢花槽映射着街道上的来往行人、车辆、行道树等，立面就像一个把映射在不锈钢花槽上的影像和透过藤蔓、玻璃看到的内部景象，合成为一个整体影像的装置，同时形成了建筑与街道的渗透融合关系。

遮阳构件与自然元素的结合

项目名称：Maximum Garden House
建筑设计：Formwerkz 建筑事务所
图片来源：http://re.chinaluxus.com

房子一层入口的门口用了美丽的灌木架来装饰。布满绿色植物的门口通常会被路人忽视，以为这只是单纯的绿化墙。各种吊兰类植物从二层墙面壁龛中垂挂出来，使垂直立面成为立体花园的像素画。它除了美化空间，还能起到良好的通风效果，同时遮挡了雨水和强烈的阳光，充分保障了室内的私密性，可谓一举多得。

遮阳构件与自然元素的结合

项目名称：温哥华住宅
建筑设计：帕特考建筑师事务所
图片来源：《建筑元素》

除了植物，水面也有遮阳的功能，如帕特考建筑师事务所设计的温哥华住宅中，建筑上层的游泳池巧妙地成为下层入口的遮阳构件。水面的流动使建筑入口处产生了丰富的光影变化。

遮阳构件与智能系统的结合

项目名称：新德国议会大厦穹顶
建筑设计：诺曼·福斯特
图片来源：http://www.fosterandpartners.com

　　穹顶充分地向我们展示了遮阳构件的技术美，将遮阳与通风完美结合。穹顶采用中间夹乙烯基箔片双层玻璃。螺旋坡道对穹顶起到加固作用，穹顶表皮系统主要由一体化的椎体和外穹顶构成的一个精巧结构体系组成。光锥基部直径2.5m，上部扩至16m，嵌有360块高反射镜面玻璃的倒椎体，计算机控制日光跟踪可移动光板，由光电电池驱动。光锥与光板的透光及反光作用，使议会大厅能够得到充足的自然采光。可随日光照射方向变化而自动调整方位的盾牌遮阳板，控制向下部反射的阳光以避免眩光。可动式遮阳板由于可以随着太阳的变动而移动，避免了直射阳光的热度及晃眼的光线对室内的影响。在冬季及夏季的早上和傍晚，当太阳的位置较低时，遮阳板就被隐蔽起来，遮光装置的驱动动力是屋顶上100片装有光电池的太阳能板产生的。

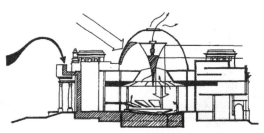

议会大厅通风系统的进风口设在西门廊的檐部，新鲜空气进来后经大厅地板下的风道及设在座位下的风口，低速而均匀地散发到大厅内，然后再从穹顶内的倒锥体的中空部分排出室外，此时倒锥体成了拔气罩，形成极为合理的气流组织方式。建筑师对构造的设计是基于理性与美学的选择，他在对技术的科学掌握之上，赋予建筑构造以美感。在满足功能的同时，智能化的遮阳构件也在建筑内营造出一种美妙的光影效果。

遮阳构件与智能系统的结合

项目名称：The EEA and Tax Offices
建筑设计：UNStudio
图片来源：《建筑材料与肌理 1》P26

　　建筑立面的设计以环保和节能为主导，以持久耐用的高科技设备将建筑对环境的影响降到最低。在立面设计上，设计师力求把多种功能融入其中，使其可以同时起到遮阳、控风和改变日光渗透率的作用，并把翅板的构造也考虑其中，从而有效地阻隔外界热量的侵入，降低了建筑对冷气的需求。排布在立面上的白色散热翅板的大小会根据朝向的不同而有所变化，南面最长，北面最短。立面翅板之间均镶嵌了大玻璃窗，使阳光能大面积地照进建筑内部，保证采光，减少人工照明的使用。

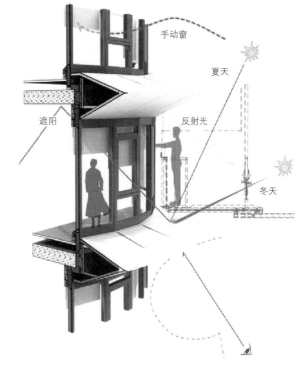

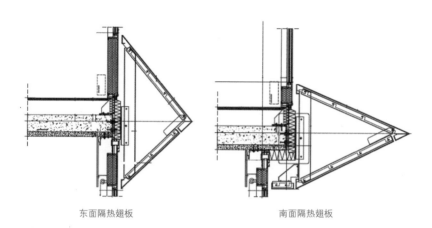

东面隔热翅板   南面隔热翅板

05

保温隔热的功能扩展

保温隔热的传统做法是在墙体外侧、间层或内侧附加保温隔热材料，再做面层，因此一般是不可见的。然而现在保温隔热层不再仅仅是墙体的附加层：伴随着其在空间上的扩展，保温隔热的封闭空气层逐渐变厚，建筑的"皮肤"由双层变为三层，甚至形成内廊空间，兼具了交通功能；伴随着其在表现上的扩展，保温隔热材料具有了可视性，赋予建筑丰富的形态；伴随着其在生态上的扩展，保温隔热材料变成了自然元素，如植被和水。当代保温隔热的新构造已经积极参与到设计构思当中，极大地完善了建筑形象。

保温隔热层在空间上的扩展

项目名称：德国埃森 RWE 公司
建筑设计：Ingenhoven
图片来源：http://www.baidu.com

建筑最大的特征就是它的双层表皮，标志着完全采用人工空调的建筑方式进行变革的一个转折点。建筑师借鉴了 20 世纪 70 年代发展起来的双层 / 多层幕墙系统技术，提出"可呼吸的外墙"的构思：在外层的单层平板透明玻璃和内部的双层平板透明玻璃之间留出 500mm 的空腔，里面设置 80mm 宽、可旋转的铝板百叶，同时在玻璃间填充氩气，每个幕墙单元成为"能呼吸的肺"，通过铝板的调节起到遮阳和热反射的作用，而玻璃内气体在温度升高时，能迅速地从下到上带走热量，起隔热和保温的作用。可以说 RWE 塔楼是一栋可渗透的建筑，形成了一个可以和自然进行交换的系统。它充分利用了技术手段，将自然环境因素和建筑本身相协调，高效地利用了自然的可再生能源。

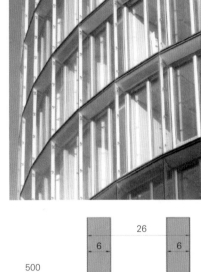

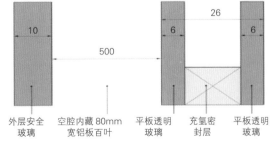

外层安全　　空腔内藏 80mm　　平板透明　　充氩密　　平板透明
玻璃　　　　宽铝板百叶　　　　玻璃　　　　封层　　　玻璃

德国埃森 REW 公司 AG 大厦"双层幕墙系统"剖面示意图

保温隔热层在空间上的扩展

项目名称：上海世博会西班牙馆
建筑设计：贝娜蒂塔·塔格利亚布
图片来源：http://photo.zhulong.com

上海世博会西班牙馆内部是钢结构框架，外表面覆盖特制的具有浓郁西班牙风格的藤条模板。藤条模板经过防水处理，可以经受日晒雨淋，使得馆内像个舒适的凉亭，同时在建筑内外层结构之间形成了一个内廊空间，此空间亦具有保温隔热的功能。

保温隔热层在表现上的扩展

项目名称：Volkenroda 基督小教堂
建筑设计：赫尔佐格与德梅隆
图片来源：《Building Skin》P102

教堂四周长方形的连廊，成为围合教堂及其入口庭院的围墙。这圈连廊以钢柱梁作为支撑框架，双层玻璃以填充墙的形式镶嵌在柱间。玻璃填充墙为两层 8mm 厚的钢化玻璃板，中间是 16~63mm 的空腔。在空腔中填充了各种不同的日常用品，如磁带、牙刷、灯泡、筷子、杀勺、体温计等。每个玻璃单元都是预制的，便于安装在框架上。

幕墙的两层透明玻璃内的填充物以不同的肌理效果为建筑表皮增添趣味。一方面，堆积在空腔中的小物件创造出了编织物样式的肌理，这些填充物大小、特质的不同改变了玻璃的透明度。这和赫尔佐格与德梅隆设计的纳帕谷酒厂管理用房的钢丝笼填石外墙有异曲同工之处。另一方面，这也是废旧物品回收再利用的一种新方法。

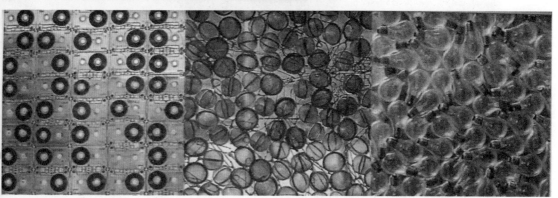

外墙玻璃中的各种填充物

保温隔热层在表现上的扩展

项目名称：Hazza Bin Zayed 体育场
建筑设计：Pattern Design
图片来源：http://photo.zhulong.com

受到阿拉伯当地棕榈树叶几何形状的启发，建筑师利用参数化技术将此形状在建筑立面上进行了表达，同时立面构造元素也充当了被动式冷却设备，每个单元树叶的角度随时间调整，为建筑提供遮阳、隔热、散热和新鲜的空气流，为观众创造了舒适的观赏环境。整个参数化保温隔热表皮的运用赋予了建筑丰富的表现力，白天轻灵纯净，夜晚在灯光的配合下个性鲜明。

保温隔热层在表现上的扩展

项目名称：Izola 社会公寓
建筑设计：Rok Oman,Spela Videcnik
图片来源：《建筑立面与色彩》P156

  建筑立面上突出的阳台及其上下倾斜的表面形成了一种仿佛蜂房一样的三维结构，这种大胆的体形设计通过色彩鲜明的遮阳百叶被更加强调出来。半透明的板材围合了一个如同"空气缓冲器"的区域。夏季的热空气穿过 100mm 厚的通风板后冷却下来，冬季的暖湿空气透进来提高室内温度。

  这些色彩鲜艳的阳台可以在一天中的大部分时间被当做附加的房间来使用，既拓展了紧张的居住空间，实现了居住功能，又体现了错位感的凹凸效果，突显了活泼而浪漫的建筑风格。

保温隔热层在生态上的扩展

项目名称：爱知世博会的生命之墙
建筑设计：户田芳树
图片来源：JAPAN MODERNISTIC PROJECT 4

生命之墙被设计成一座呼吸生命体的建筑，设计师并非只给建筑的屋顶和墙壁进行一下"上妆"似的绿化，而是计划建造与植物混为一体的独立绿化建筑——既是建筑同时又是绿化的建筑物。建筑两面墙平行配置，中间作为入场者的移动通道，同时计划设置管理通道和消防通道。每面墙的结构钢架高达 14.9m，为壁板化的栽种单元架提供了结构支撑。在离地面 4m 的地方，两面墙采用结构梁相联系，在上部用拱形结构固定。

此墙的结构构件采用了细的钢筋，设计师把这些细钢筋看做是植物的叶脉，人体的神经及流动的血液，为了把可持续的原则体现到设计中，设计师放弃了现场焊接，开发了"割螺母"系统。先把用在螺丝钢筋上的锁闭螺母沿着轴线的平面切断分割成两片，再用蝶状系统将它们连接，把蝶状系统旁边的栓拔出后锁闭螺母即变成开着的状态，这样就有可能在钢筋的任意位置组装锁闭螺母。

保温隔热层在生态上的扩展

项目名称：中国上海自然历史博物馆
建筑设计：Ralph Johnson
图片来源：http://www.zhulong.com

建筑师受自然界所见最纯
粹的几何形模型之———鹦鹉
螺外壳的启发，设计了一个生
态绿色博物馆。这种智能化建
筑表皮的保温隔热层有利于该
馆最大化的引进太阳光线，同
时使吸收的热量减小到最少。
庭院中的椭圆形池塘相当于一
个水冷式空调，在夏天有助于
降低地表温度，房顶上的雨水
被收集起来储存到池塘里，最
后与池塘中的水一块被回收再
利用。

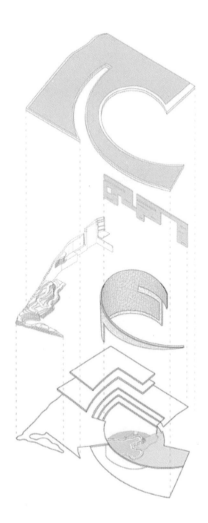

06

屋顶的功能扩展

　　作为建筑的第五立面，屋顶是建筑设计中的一个极其重要的元素，它与墙、门、窗、楼梯等同属于建筑的基本实体要素。屋顶除了遮风避雨、保温隔热的功能，还有很多扩展功能，如与建筑适应性的结合、与采光方式的结合、与节能措施的结合。除了功能的需求之外，屋顶处于建筑最顶部，还很容易成为视觉焦点，它造型的变化可以充分体现建筑的风格及用途，因此它的设计成功与否直接影响到建筑的整体形象，影响到建筑的美感。如今，随着科学技术的飞速发展，越来越多的建筑师通过采用新结构、新技术，在屋顶设计中尽情发挥想象力，使屋顶在满足功能的同时，更具艺术表现力。

屋顶与建筑适应性的结合

项目名称：米尔沃基艺术博物馆
建筑设计：卡拉特拉瓦
图片来源：Architecture Record，2002（3）

  西班牙建筑师卡拉特拉瓦通过将运动中所表现出的力与能量运用在结构设计中，创造了屋顶形态表现的极限——可动的仿生屋顶形态。这些屋顶的可动节点是模仿生物活动关节的产物，因此屋顶的活动轨迹充满了生物性的受力特征。

  建筑屋顶的调节系统像一只大鸟的翅膀一样，有 22 根水压柱，每边 11 根用来升降 72 个钢质的翅状物，以适应不同时期气候的变化，并调整阳光的摄入量。而且，如果调节系统内的传感器探测到风的时速超过 37980m，系统将自动关闭。

屋顶与建筑适应性的结合

项目名称：The New Stadium in Atlanta
建筑设计：比尔·约翰逊
图片来源：http://photo.zhulong.com

体育场中心的屋顶圆孔参照了罗马建筑的杰作——万神庙，圆孔之上覆盖有一个不规则且可以伸缩的屋顶，由八个可进行旋转打开和关闭的径向面板组成。

屋顶与建筑适应性的结合

项目名称：长沙文化公园
建筑设计：MAD 建筑事务所
图片来源：http://www.i-mad.com

这是一个立体的组织方式，建筑师把屋顶作为一个新文化平台，音乐厅、博物馆和图书馆在基地北侧被其连接在一起，不但在平面上实现了各自的独立和室外公共空间的共享，而且在立体空间关系上创造了两个层面：地面的半室内景观系统和屋顶的城市尺度的新文化平台。新文化平台利用它水平巨大的城市尺度，将文化园的整体形象推向了极致。无论是白天的交流展示、文娱活动，还是夜间的大型演出集会，市民都可以在这里享用所有的文化设施，也可以在不同标高和气氛的室外空间畅游。

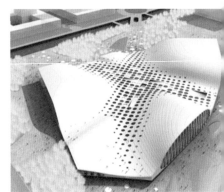

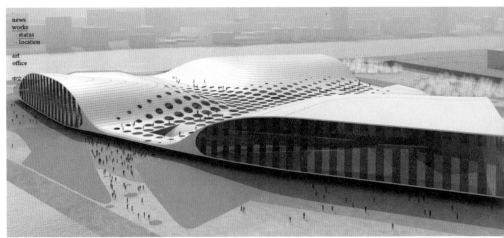

屋顶与采光方式的结合

项目名称：阿联酋阿布扎比卢浮宫博物馆
建筑设计：让·努维尔
图片来源：http://news.zhulong.com

独特的穹顶把光以独特的方式导入室内，石头、钢板和玻璃三种材质分割了光的不同进入路径，创建了光线的层次感和局部的小气候。建筑师巧妙地运用光影使各局部之间既存在强烈对比，又达到完美统一。

让·努维尔说过："这完全是基于几何和光的灵活运用……这是一个由阴影、运动和发现组成的结构。"

屋顶与采光方式的结合

项目名称：Middelfart Savings Bank
建筑设计：3XN 建筑事务所
图片来源：《建筑立面材料语言——像素墙》 P75

建筑最大的特色莫过于动感十足而又功能多样的屋顶，83 个棱镜式的采光天窗组成了这个独特的屋顶表面，也框定出建筑其余部分的几何形式。大型木结构屋顶的洞口将充足的阳光带到室内的同时也遮挡了直射光线，让人从建筑内部的各个角落都能直接欣赏到小贝尔特海峡的美景，实现了表现与功能的完美结合。

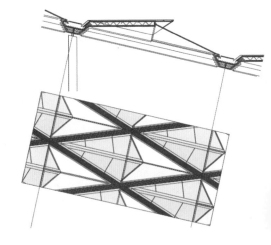

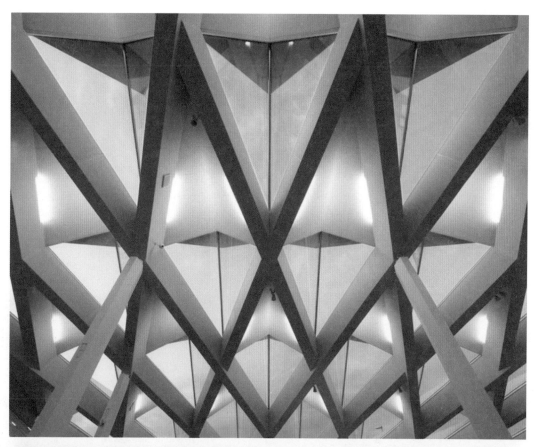

屋顶与采光方式的结合

项目名称：Serpentine Sackler Gallery
建筑设计：扎哈·哈迪德
图片来源：http://www.zaha-hadid.com

餐厅自由流体状的白色屋顶就像是云朵，有些地方形成向室内拉伸的光井，让自然光深入内部；墙面是无框的玻璃墙；餐厅外面的白色壳体是玻璃纤维编织的纺织膜。整个建筑显得透明、有机、开放、充满活力、现代感十足，与老建筑形成鲜明的对比。

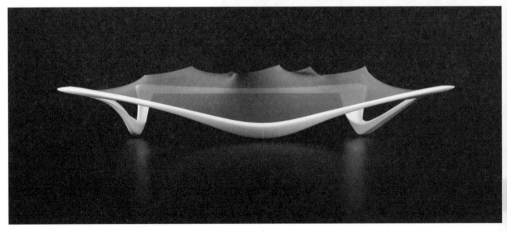

屋顶与节能措施的结合

项目名称：汉诺威 26 号展厅
建筑设计：托马斯·赫尔佐格
图片来源：http://www.archreport.com.cn

　　整个建筑外观是一种艺术性的技术在建筑结构和环境中能量形式优化开发的完美体现。赫尔佐格通过开发一种人工和自然相结合的通风技术，使建筑在空调方面的投资费用节省了 50%。

　　·具有代表性的断面形状，使功能性空间高度足以呼应大厅的巨大面积，同时能提供一个自然通风的必要高度，保证了热量上升的构造效果得以充分发挥。

　　·建筑物的大面积区域允许自然光线的进入，同时又避免日光的直射。明亮但不耀眼的光线是创造整个大厅空间品质的关键所在。

　　·天然的可再生材料被用于合适的部位，木材作为屋面嵌板不仅造价低廉而且能耗很低。

　　·新鲜空气经由沿着服务区的透明导管，通过位于 4.7m 高处的巨大入口进入大厅中，空气向下流动，在整个地面上均匀分布。地面处的空气入口也以相似方式提供新鲜空气，然后空气被加热并逐渐上升。浑浊空气经由屋脊处连续的折板排出，这些折板根据不同的风向，以不同的角度开启，以确保有效通风，这种作用方式通过固定在出口处的水平条状构件得以加强，创造出一种"文氏管"效应。

机械与自然通风

自然采光

人工照明

屋顶与节能措施的结合

项目名称：La Maison Des Fondateurs
建筑设计：BIG 建筑设计事务所
图片来源：http://www.big.dk

    BIG 建筑设计事务所将所有的流线组成不重复的双螺旋盘旋路，然后让建筑体量整体倾斜，一部分埋进大地，接着调整流线空间的高低，让这一系列不重复的线性空间交错，发生交错的体量，得到更多表面积的同时也得到更多的光照以及向外的视线面。绿化覆盖的屋面既有利于节能，又使建筑完全融合于周围环境中。

07

构造尺度夸张产生的表现延伸

随着科学技术的发展，建筑构造被先进的工艺技术推到了极端。一些杰出的建筑师致力于挖掘新构件的表现潜力，而这些表现力往往来自于对构造本身及其组合方式的变异。例如，原来的石质基础变成了石柱、钢筋混凝土柱，柱子成了钢，甚至不锈钢。柱础则变为薄薄的、亮晶晶的，然而仍然被准确地放置在原来的位置上，带来了一种神秘的高科技感。

建筑大师贝聿铭曾经说过，"建筑的最高层次就是艺术"，但是，要使一个建筑作品上升到艺术的层次上，它的设计者就要具有很高的技能与艺术修养，如对建筑美学和建筑造型构图的把握能力。构造作为建筑造型构图的基本元素，它尺度的夸张、形态的变异、数量的累积、色彩的组合都使建筑呈现不同的形象，赋予建筑不同的个性。

构造尺度夸张就是指构造打破了常规的尺度，或者变得很大，产生夸张的视觉效果；或者变得很小，让人对建筑失去尺度感，从而产生错觉。

构造尺度夸大

项目名称：维也纳不规则的个性办公楼
建筑设计：heri&salli 建筑工作室
图片来源：http://photo.zhulong.com

建筑由多个交叉折叠的平面连接在一起，矩形窗户外部全被铝合金装饰材料包起来，四周封闭地向外伸出，就像一个巨大的瞭望口，和建筑外部的木质框架组成一个整体结构。

构造尺度夸大

项目名称：西班牙赛维利亚日本馆
建筑设计：安藤忠雄
图片来源：http://photo.zhulong.com

建筑最突出的地方就是用一条11m高的拱状桥将参观者引入一个多层开敞空间——由斗字变异而来的巨型门廊。虚化的洞口衬托出尺度夸张的木结构斗拱，使人联想到日本古建筑东大寺南大门唐风式的巨大斗拱的处理，建筑师试图通过构造尺度夸大的手法来重新诠释日本的传统建筑文化。

构造尺度夸大

项目名称：多伦多夏普中心
建筑设计：Will Alsop，Robbie/Young +Wright 建筑事务所
图片来源：《建筑立面与色彩》P89

　　设计师打造了一个"悬浮的桌面"结构。为了抵抗强大的风力，建筑师与结构师让 6 对共 12 根 30m 高的巨型倾斜支柱与大楼的钢筋混凝土核心筒承担了主要结构支撑作用，每对支柱呈倒 V 形，柱顶支撑着方盒子新建筑，视觉上给人轻盈、漂浮的感觉。

　　因为这 12 根 30m 高的倾斜支柱需要极强的抗压、抗弯与抗拉能力，为了增加视觉美学效果，Will Alsop 有意识地将钢管的两头"削尖"，表面又涂上各种颜色，看起来像彩色铅笔，似乎暗示"艺术设计学院"这一主题。同时，这种两头削尖的处理，让 30m 长的大型钢柱显得更加轻盈，这与建筑的总体构思"漂浮的桌顶"是相吻合的。

　　这种设计方式在寸土寸金的多伦多市中心节省了宝贵的用地，同时为学生及市民创造了户外休憩交流的空间，提升了空间品质。

构造尺度夸大

项目名称：巴西 Belo Horizonte 悬浮行政中心
建筑设计：GPA&A
图片来源：http://photo.zhulong.com

设计师在关注可行性的同时，坚持可持续发展和建筑景观相融相生的理念。建筑用三根巨大的柱子托起一座超过 20m 宽的公共广场，这巨大的柱子同时也作为交通与主入口。这一公共空间可供人们休闲、散步之用，提高了本地区居民的社会福利。

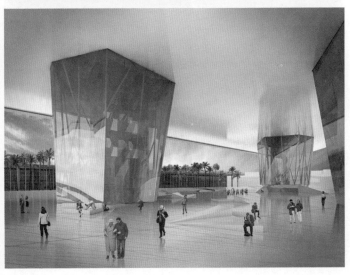

构造尺度夸大

项目名称：卡塔尔会议中心
建筑设计：矶崎新
图片来源：http://archgo.com

矶崎新以当地锡德拉树为原型设计的巨大钢结构，支撑起了外挑的大屋顶。建筑以其独特的结构、夸张的设计手法成为当地的标志性建筑。

构造尺度微缩

项目名称：麻省理工学院宿舍楼
建筑设计：史蒂文·霍尔
图片来源：http://www.stevenholl.com

建筑所有立面上窗的尺寸变小，垂直方向上每层叠起三扇窗户，此设计手法使整栋建筑给人的感觉像是 30 层而不是 10 层。

这种表皮上均一的肌理，使人本身不再作为建筑的参照尺度，而窗本身成为这个系统的参照系，成为量度的标准。

构造尺度微缩

项目名称： 美国 Broad 博物馆
建筑设计： Diller Scofidio 与 Renfro
图片来源： http://www.10333.com

　　博物馆以白色外骨骼包围的外墙和屋顶为突出特征，没有传统外窗，整个建筑由 2500 个玻璃纤维钢筋混凝土构件组成，构件的微缩模糊了建筑的体量感，使光线温和地渗透到内部，避免炫光的同时也不会过度暴露室内的艺术品。

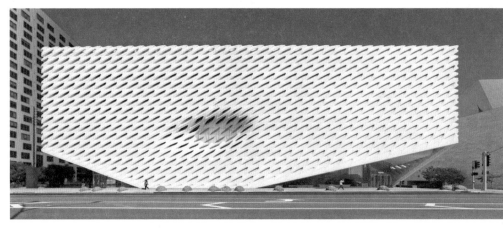

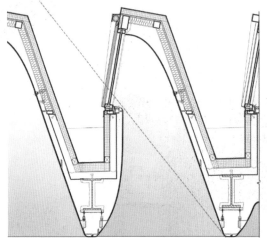

构造尺度微缩

项目名称： 南澳大利亚卫生和医学研究院
建筑设计：澳大利亚 Woods Bagot 建筑事务所
图片来源：http://www.10333.com

　　以本色铝板做成凹凸组合的菠萝状表面成为了此建筑的特征。简单的体块、丰富的表面材料、质感及构造创造出了建筑的视觉冲击力。因太阳位置的变化可使表皮产生不一样的色彩效果，表皮给人的直观感受也随着环境的变化而改变。

构造尺度微缩

项目名称：冲绳县立博物馆
建筑设计：Peter Zumthor
图片来源：http://photo.zhulong.com

该博物馆墙上开了很多大小不一的窗洞，这些小的窗洞不仅用来采光，在室内产生丰富的光影变化，还打破了墙面的平淡，产生了装饰效果。

08

构造形态变异产生的表现延伸

构造形态变异即建筑构造的形状发生非常规的变化。当代建筑构造已不同于以固定形制和装饰来进行表现的传统构造，建立在立体主义、风格派和构成主义的抽象构图基础上，当代建筑构造更多地采取抽象的几何造型处理方式来进行形体表达。在多种多样的设计出发点的驱动下，利用好这个造型工具，通过构造原型一次或多次地造型处理，可以获得无穷的形式可能。本节主要从构造的减法变异、加法变异以及抽象变异三个方面研究构造产生的表现延伸。

构造的减法变异

项目名称：巢鸭信用银行常盘台分行
建筑设计：Emmanuelle Moureaux Architecture + Design
图片来源：《建筑立面美化语言—色彩墙》P70

　　设计的创造力表现在通过构造的减法对特定空间打破常规的不同表达。设计师在白色铝板的外立面上设计若干个嵌入式的深约 1m 的大小各异的喇叭形窗体，并为每个窗户的侧墙上设计了深浅不同的颜色，创造了一个有节奏而无规律可循的丰富外墙。

　　同时通过减法创造了 7 个阳光充沛、种植了花草树木的庭院，使室内沐浴在自然光线中，也通过它为这建筑引入新风。

构造的减法变异

项目名称：中国台北科技娱乐设计中心
建筑设计：BIG 建筑设计事务所
图片来源：http://www.big.dk

建筑最大的创意就是通过减法变异方式在 57m×57m×57m 的立方体中挖了一条通道，利用一个螺旋楼梯由首层连接至天台，让公众可享受整座大厦，并且增加了大厦室内的通风度和采光度。

虽然这条楼梯异常复杂，但是它把四周街道延续至大厦的顶层，增加了楼梯的使用率，亦同时减少了人们对电梯和扶梯的依赖，为商店和展览厅带来额外的人流。同时这条螺旋楼梯并不是全密封的，部分区域能让阳光通过，以增加温暖的气氛并减少使用室内的灯光。

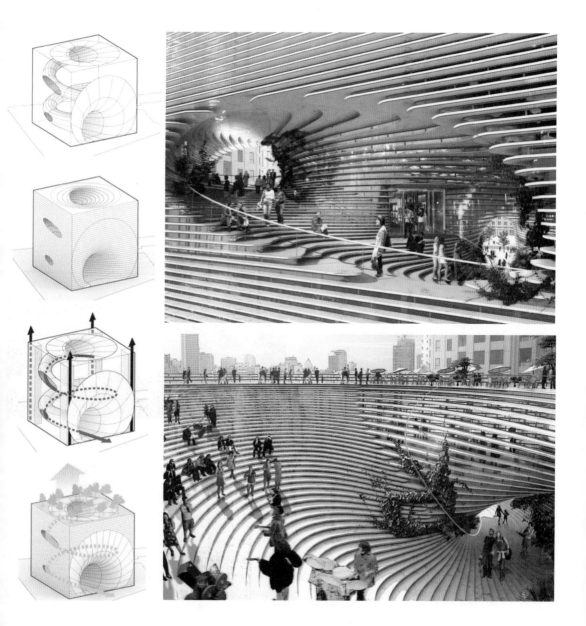

构造的减法变异

项目名称：哥本哈根山住宅
建筑设计：BIG 建筑事务所
图片来源：http://www.big.dk

设计师将郊外庭院的气势和市内高密度的社交风格结合起来，对简单几何形体进行反复削减推敲，建成了这座在停车区域上呈阶梯状的住宅。

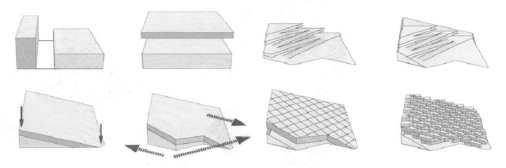

构造的加法变异

项目名称：深圳艺象国际青年旅舍
建筑设计：O-office 建筑事务所
图片来源：http://www.archcy.com

作为一个改造项目，设计师在立面窗的设计上独具匠心，利用加法变异的手法重塑窗口，使南北两个与山体和林木相视的立面成为内部与外部大自然互动的景视界面。既让建筑变得生动有趣，又丰富了室内空间。

构造的加法变异

项目名称：纽约 600 单元住宅项目
建筑设计：BIG 建筑设计事务所
图片来源：http://www.big.dk

　　从开始的构思到最终的方案
确定，BIG 把一个简单的形体进
行叠加变异。从西侧高速路看过
去住宅就像一个扭曲的金字塔，
以一个纤细的尖顶收尾。在立面
上设计师突出了构件层叠的韵律，
丰富了建筑的层次感。

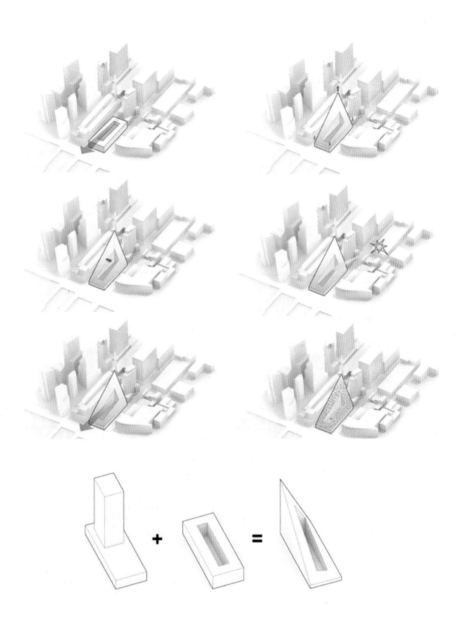

构造的不规则变异

项目名称：巴黎第 13 区 HOME 住宅楼
建筑设计：Hamonic+Masson
图片来源：http://www.jianshe99.com

　　建筑露台作螺旋形上升，在每一个角度捕捉光线，为这个层叠式的塔楼增添了魅力，同时又给人以渐进但又不规则变异的印象。纵观这座拥有 200 间住宅的建筑，公寓一层一层叠放，但是每一层公寓都有其强烈而独特的个性，设计在满足功能的同时也带给人了不一样的视觉感受和空间体验。

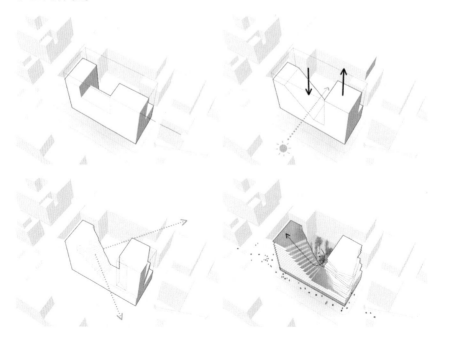

构造的不规则变异

项目名称：曼切斯特美术馆的音乐厅
建筑设计：扎哈·哈迪德
图片来源：http://photo.zhulong.com

音乐厅由一个单一连续的带状织物盘旋环绕本身，创造出了一个茧状的流动性空间。带状物本身包含一个半透明的织物隔膜，利用钢结构悬挂在天花板上。波浪形的织物表面在不断地变化、拉伸，没有明确的内外空间的界限。光亮的丙烯酸声学面板悬挂在舞台上空，用来反射和传播声音。建筑的形式完美地与功能相结合，正如哈迪德说："就像巴赫音乐中的节奏和协调一样，我们的设计将在正式和结构化的逻辑中找到符合其音乐多样性的要素。"

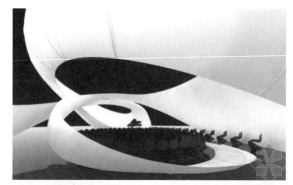

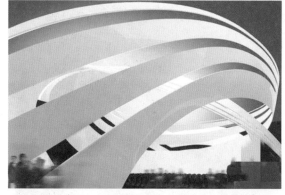

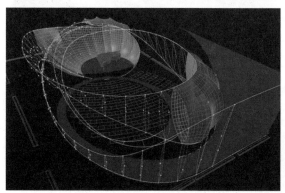

构造的不规则变异

项目名称：National Library in Astana
建筑设计：BIG 建筑设计事务所
图片来源：http://www.big.dk

公共空间完美结合在一个连续的莫比乌斯环上，剖面展示了建筑的水平功能空间与竖直功能空间的转换，在满足功能的同时创造了一个新的标志物。

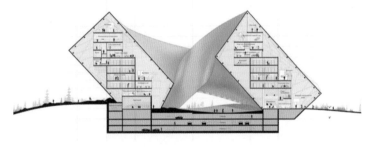

09

构造数量累积产生的表现延伸

　　构造数量累积即同一单位元素的反复出现。构造通过自身的累积，可以获得一种戏剧性的夸张效果。数量累积本身是一种常用的建筑处理手法：埃及金字塔三角形的累积表达一种原始崇拜，是一种权利的象征；罗马的圆拱和壁柱，希腊的古典柱廊，以不断累积的主题形象获得各自特征；哥特的尖拱和扶壁的累积强调神秘的宗教气氛。而构造的累积形成了建筑的肌理，体现了信息时代科技的力量。后印象主义绘画大师高迪说过，"一米的绿色比一尺的绿色更绿"。因而，在某些情况下，构造的累积形成的建筑肌理比构造自身更具表现性。从肌理的角度入手来塑造建筑形象，为建筑师进行形式创造提供了一个新的着眼点。

构造元素的重复累积

项目名称：中国台湾宜兰火车站丢丢当森林
建筑设计：黄声远
图片来源：http://photo.zhulong.com

丢丢当森林的铁树累积了九株，呼应了宜兰的旧称"九苇城"。高大的钢骨铁树非常具有现代设计感，铁树的叶片在阳光的照射下呈现出不同层次的绿。穿梭在真假树木之间，满眼的绿色让人真假难辨，散步于其中仿佛走进了绿色清新的隧道里。

构造元素的重复累积

项目名称：Cobogo House
建筑设计：Studio Mk27
图片来源：《建筑立面设计语言——艺术墙》P17

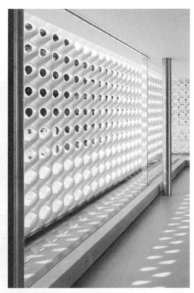
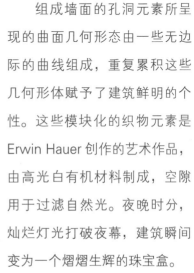

　　组成墙面的孔洞元素所呈现的曲面几何形态由一些无边际的曲线组成，重复累积这些几何形体赋予了建筑鲜明的个性。这些模块化的织物元素是Erwin Hauer 创作的艺术作品，由高光白有机材料制成，空隙用于过滤自然光。夜晚时分，灿烂灯光打破夜幕，建筑瞬间变为一个熠熠生辉的珠宝盒。

构造元素的重复累积

项目名称：西班牙电信市场委员会办事处
建筑设计：Enric Batlle, Joan Roig architects
图片来源：《建筑材料与肌理》P9

设计师在立面上采用了横向板条结构重复的排列，一直延伸到旧工厂上方，使两者和谐统一，这种菱形的表面幕墙设计创造出一种独特而易于识别的地标感。

远处的海景和南向的朝向决定了平台的方位，水平向的板条系统隐藏了建筑上部的平台和设备用房，为露台起到了遮阳效果，同时又为首层入口提供了雨篷，方便而实用。

构造元素的重复累积

项目名称：宁波市鄞州区人才公寓
建筑设计：DC 国际
图片来源：http://www.ela.cn

人才公寓具有较为典型的住宅公建化的特征，南立面窗重复性的45°扭转带来了出乎意料的效果，给沿街立面注入了新的内容和亮点。大量的特殊居住单元在自由聚集的过程中形成独特的建筑形象，通过大尺度的表达成为特别的城市标志。

就户型设计来说，其出发点是使微型的城市体验可以延展至户内，在面积非常有限的情况下窗的扭转产生了更加丰富多样的空间体验。

构造元素的渐变累积

项目名称：三亚海棠湾红树林酒店
建筑设计：王旭
图片来源：http://photo.zhulong.com

　　建筑最具特色的部分是 3 ~ 16 层，两侧逐层向外伸展，悬挑长度最长处达 30m。设计师采用了斜柱的结构方案，带有一定角度的旋转向上倾斜、延伸。16 层以上，两侧又逐层内收，既有利于结构的稳定，屋顶退台又可作为绿化休闲空间与观景平台。夜幕降临、华灯初上，建筑色彩斑斓，像一只巨大的彩色贝壳，优雅地矗立在海边。

构造元素的渐变累积

项目名称：Reggio Emilia Stazione Mediopadana
建筑设计：卡拉特拉瓦
图片来源：http://www.calatrava.com

这座白色的巨大曲线形结构体由 457 个钢框架组成，这些间距 1m 的框架通过有规律的变化，创造了一个流动的形态，赋予了建筑强烈的节奏感。

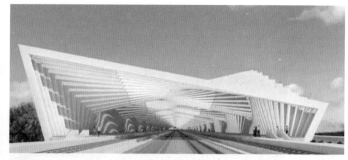

构造元素的无规则累积

项目名称：欧洲遇难犹太人纪念馆
建筑设计：彼得·埃森曼
图片来源：《建筑师材料语言——混凝土》P134

纪念馆一共含有 2711 根暗灰色钢筋混凝土石柱，每一个都在相同的网格上单独安置，形成一个连续的波纹形状席卷过这一波状的地形。所有的石柱都有一个相同的计划尺寸 2.38m × 0.95m，虽然它们高度变化从 0 ～ 5m 不等，由场地两侧边界向中央区域挺进。没有明显的出入口，没有规定的路线，这些巨型的石柱营造出了一种令人不安、困惑的氛围，为访者提供了一个真实的体验和感受的空间。

构造元素的无规则累积

项目名称：法国科学和生物多样性小学
建筑设计：Chartier Dalix Architectes
图片来源：http://www.10333.com

围墙由预制混凝土块砌成，交错布置。混凝土块呈现出两种不同材质：其可见的一面是光滑打磨过的，反射着光线；而另一面则是肋状的，并且具有粗糙和凹凸不平的质感。这两种不同的表面有助于把水流导向凹凸不平的一面，避免水顺着可见面流下而使其过早老化影响立面效果。同时，这些混凝土块随机累积而成的立面设计赋予了建筑流动性和灵活性。

构造元素的无规则累积

项目名称：澳大利亚堪培拉 HotelHotel 大厅
建筑设计：March Studio
图片来源：http://www.10333.com

　　成千上万根长短不一的木材无规则的累积成为了此建筑独特的标志，模糊界限的同时指引着视线和行动的方向。可作为表演舞台的宽大楼梯上的木材从地面向上依次叠放，带来一种厚重感。木材竖直悬空架设构成墙，并向上延伸直至遍布于天花板。悬浮的木材起到了遮阳的作用，过滤掉了外部光源，将视线引向内部和外部空间。透过木材，蜘蛛网般狭长的阴影投射向地板和空白的墙壁，形成了丰富的光影变化。

10

构造色彩组合产生的表现延伸

　　色彩是建筑物外观的重要属性之一，也是塑造建筑造型和美化环境的一种重要手段。塞尚认为只要色彩丰富，那么这个物体的形状就会饱满，简明扼要地说明了色彩所具有的特殊功能及对建筑表现形式的影响。在建筑设计中，色彩的这种特殊功能也可以带来强烈的视觉冲击力，它可以使好的造型锦上添花，也可以有效地弥补建筑外观形状上的缺陷、完善建筑造型设计，因此色彩也被喻为最经济的奢侈品。一个优秀的建筑师应该能够熟练地运用色彩的各种手法来表现建筑设计的理念，展示个人的设计风格，给人以充分的美的享受。现代建筑大师勒·柯布西耶也是倡导运用色彩的建筑大师之一，他认为当色彩能赋予建筑以欢快自由的表情时，就该运用色彩。运用色彩的语言和手法对建筑构造进行艺术处理，通过有计划地布局将建筑变得更加艺术。

构造色彩组合的节奏与韵律
──连续的色彩韵律

项目名称：比利时 Infrax 西侧办公楼
建筑设计：Crepain Binst Architecture
图片来源：《建筑立面美化语言──色彩墙》P126

    该建筑的核心在于绿色外墙的设计，它无论在视觉上还是在象征意义上都体现了"绿色"的特征。建筑的外表皮由呈现三种颜色和三种透明度的丝网印刷玻璃板构成，并利用这些玻璃板拼接成了马赛克图案的墙壁。建筑的外墙可以调节光线、空气以及声音，亦可以调整自身的颜色。这些元素与墙面的巧妙结合，使得建筑富有表现力与动态性。

构造色彩组合的节奏与韵律
——渐变的色彩韵律

项目名称：The Ronda Building
建筑设计：Estudio Lamela
图片来源：《建筑材料与肌理 1》P194

　　建筑楼群中的不同体量以不同的高度进行构筑，形成波浪状，展现出丰富的色彩变化和极具动感的造型。既保持了建筑的功能性，又与其整体设计理念和谐一致。

构造色彩组合的节奏与韵律
——起伏的色彩韵律

项目名称：比利时 MWD 艺术学院
建筑设计：Carlos Arroyo
资料来源：《建筑立面美化语言——色彩墙》P16

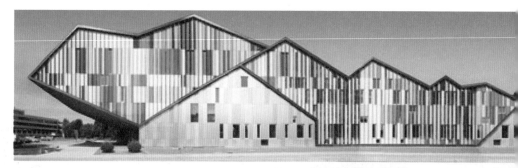

　　MWD 艺术学院建筑的外表皮十分有趣，当向林区方向走过去时，条形表皮映射出树林的形象。当向相反方向走去时，看到是多彩的条形立面，步移景异，变化无穷。建筑外表皮是身兼建筑师和色彩专家的 Alfons Hoppenbrouwers 的研究成果。色彩经过他数字化的组合，比例、节奏、长度、形式、纹理、颜色各方面具有了奇妙的节奏感和韵律感，就像乐曲般和谐动人、变幻莫测，展现出建筑、天空、森林多涵义的美。

构造色彩组合的统一与变化
——交错的色彩韵律

项目名称：乌特勒支大学"巧克力豆"学生宿舍
建筑设计：Architectenbureau Marlies Rohmer
资料来源：《建筑材料与肌理1》P153

大楼立面以半哑光的模块化铝板为表皮，色彩斑斓的铝板表皮使整个学生宿舍内超过1500扇单调乏味的窗户变得充满光彩。窗户与铝板的巧妙结合形成了一个统一的连续表面，强调了大楼的整体感，使它看起来不再像一间工厂。远远看去，这种多彩铝板与大楼窗户的融合使宿舍大楼仿佛披上了一层鳞片状的不规则表皮，赋予了大楼独特的抽象感和雕塑感。

构造色彩组合的统一与变化

项目名称：葡萄牙科因布拉的人行桥
建筑设计：巴尔蒙德
资料来源：《建筑细部》2007（6）

葡萄牙科因布拉的人行桥，成一定角度安装的彩色玻璃板在阳光的照射下产生彩色的反射图案，使朴素的木质地板充满了生气。钢框架用钢板覆盖，涂有白中透粉的涂层，与玻璃栏板上生动的色彩融为一体。晚上，人行桥的栏杆被灯光点亮，在河的两岸都能清楚地看到。光纤灯照亮了玻璃板，创造出了光与色交织的生动图案。

在建筑的色彩造型中，一切形式要素的对比都可以通过对色彩的调节而减弱至微差。色，就是在统一中求变化，如果对比得过于强烈，可以使色彩造型更加丰富，从一种颜色到另外一种颜色避免单调感，还可以产生特异与夸张的效果。格式塔心理学的许多实验表明，当一种简单规则的形式呈现于人们眼前的时候，人们会感到极为舒服，因为这样的图形与知觉追求的简化是一致的。

构造色彩组合的统一与变化

项目名称：鹿特丹农贸市场
建筑设计：MVRDV
资料来源：http://www.10333.com

　　拱形建筑的市场大厅长 120m、高 40m，两端是玻璃幕墙，顶部是绚丽多彩的绘画。设计师将水果、鱼、面包、鲜花与附近的大教堂等景色重叠起来融入壁画中。壁画使用 3D 技术，运用多台电脑和投影机进行分别处理与投影，使其色彩对比鲜明，具有强烈的视觉冲击力。

构造色彩组合的统一与变化

项目名称：Superkilen Master Plan
建筑设计：BIG 建筑设计事务所
图片来源：http://www.big.dk

此城市公园是一个建筑、景观、艺术的结合体，在其中可参观 60 多个不同文化背景城市的展览。三个色彩鲜明的区域分别有着自己独特的功能和氛围：红色区域为相邻的体育大厅提供了延伸的文化体育活动空间，黑色区域是当地人天然的聚会场所，绿色区域提供大型体育活动用地。在三个区域的基础之上，公园展示全球 60 个城市中的上百件艺术品。它不仅仅是一个城市设计，更是一个全球城市最佳展示区。

根据建筑的功能特点，运用色彩有意识地突出建筑中的某些主要元素，虚化次要元素，以此来体现建筑的主从关系，形成一个具有主要色彩视觉突出点的构成形式。

　　随着多样性、创新性建筑形态的出现，建筑构造表现的重要性也开始被人们重新认识和强化。建筑构造日渐脱离建筑形体中的从属地位，主动参与建筑形体的表现，成为建筑形体中主体元素，直接影响甚至决定了建筑的性格。作为表现的重要手段，构造的处理使最初的设计构思趋于细致、完备，它体现建筑物的身份、性格，是渲染建筑物艺术感染力的重要手段。越来越多的建筑师在设计中日益关注构造的表现手法，构造成为设计构思的切入点，展示了自身魅力。正如罗杰·斯克鲁登说："一个精巧生动的细部可以与最一般的形式存在而依然能表现它自身的美。" ❶

内 容 提 要

随着建筑构造技术的日趋成熟，构造元素在建筑中变得越来越自由。建筑构造的各种非标准变体成为当代建筑丰富多彩的表皮和细部来源。在当代的许多建筑中，特殊的构造节点已经成为建筑表现的重要元素。这些构造节点除了满足基本的功能要求外，还越来越多地参与了建筑形式的塑造和意义的表达。构造日益摆脱在建筑形体中的从属地位，越来越主动参与建筑设计。本书一方面从功能入手，分析特殊的构造节点如何通过功能的拓展获得表现性；另一方面从表现入手，分析特殊的构造节点如何与功能完美结合。

本书可供建筑师、高等院校建筑专业师生、建筑学爱好者阅读使用。

图书在版编目（ＣＩＰ）数据

非标准构造 ： 当代建筑构造"非常规设计拓展" /
任肖莉编著. -- 北京 ： 中国水利水电出版社，2018.1
（非标准建筑笔记 / 赵劲松主编）
ISBN 978-7-5170-5879-3

Ⅰ. ①非… Ⅱ. ①任… Ⅲ. ①建筑设计 Ⅳ. ①TU2

中国版本图书馆CIP数据核字(2017)第235853号

书　　名	非标准建筑笔记 非标准构造——当代建筑构造"非常规设计拓展" FEIBIAOZHUN GOUZAO——DANGDAI JIANZHU GOUZAO "FEICHANGGUI SHEJI TUOZHAN"
作　　者	丛书主编　赵劲松 任肖莉　编著
出版发行	中国水利水电出版社 (北京市海淀区玉渊潭南路1号D座　100038) 网址: www.waterpub.com.cn E-mail: sales@waterpub.com.cn 电话: (010) 68367658 (营销中心)
经　　售	北京科水图书销售中心 (零售) 电话: (010) 88383994、63202643、68545874 全国各地新华书店和相关出版物销售网点
排　　版	北京时代澄宇科技有限公司
印　　刷	北京科信印刷有限公司
规　　格	170mm×240mm　16开本　8.75印张　136千字
版　　次	2018年1月第1版　2018年1月第1次印刷
印　　数	0001—3000册
定　　价	45.00元